DES FONDEMENS
DES
BATIMENS PUBLICS.

DES FONDEMENS

DES

BATIMENS PUBLICS

ET

PARTICULIERS.

PAR C. H. F. VIEL,

ARCHITECTE DE L'HOPITAL GENERAL, DE LA SOCIETÉ LIBRE DES SCIENCES, LETTRES ET ARTS DE PARIS.

DE L'IMPRIMERIE DE H. PERRONNEAU.

A PARIS,

CHEZ J. J. FUCHS, LIBRAIRE, RUE DES MATHURINS.

AN XII (1804).

DES FONDEMENS
DES
BATIMENS PUBLICS
ET
PARTICULIERS.

En vain un édifice seroit le plus solide par les proportions de son ordonnance, la qualité des matériaux employés dans sa construction, par l'appareil, la coupe des pierres et la plus belle exécution ; si ses fondemens étoient foibles dans leurs masses, foibles par l'omission des loix qui leur sont particulières pour la solidité, bientôt le corps d'un pareil édifice, ébranlé malgré sa force propre, rompu et déchiré par des vibrations et des secousses qu'éprouveroit son centre de gravité, s'écrouleroit et n'offriroit plus qu'un monceau de ruines.

La solidité des fondemens occupera donc toutes les pensées de l'architecte au moment de mettre la main à l'œuvre; et avant de poser la première pierre, il saisira l'ensemble de toutes les parties constitutives de son bâtiment ; c'est l'instant décisif pour le succès de son entreprise. En effet, c'est au moment de l'exécution que l'artiste prouve dans les constructions même les plus ordinaires, le degré de science qu'il possède, comme c'est dans l'exécution des dessins d'un monument important, que se reconnoît la capacité réelle de son génie et toute l'étendue de ses lumières dans l'art de bâtir; c'est par l'exécution enfin qu'il frappe, qu'il étonne le spectateur.

L'Architecte, avant de jeter les fondations de l'édifice qu'il va ériger, en aura dessiné les plans et les élévations, developpé l'intérieur par des coupes nombreuses, à leur aide déterminé les proportions des points-d'appuis de la construction et l'espèce de leur appareil; c'est après ces préliminaires remplis qu'il ouvrira ses ateliers.

« Il faut, dit Alberti, employer dans les fondations toute industrie et diligence, même prendre garde à ce que la structure ne soit de rien moins forte en cet endroit qu'en tout le demourant de la muraille (1). »

« Une fente en un parroy, ou une cambrure hors ligne à plomb... Toutes ces fautes ne proviennent quasi d'ailleurs sinon des fondemens (2). »

Les fondations doivent réunir les conditions suivantes.

Une incompressibilité absolue dans le sol.

Une largeur suffisante dans les fouilles des terres pour les constructions ordinaires; un déblaiement complet pour les grandes constructions.

Un niveau général et commun à tous les murs.

Une érection régulière et conduite de front.

Nul mélange d'anciennes et de nouvelles bâtisses.

Un appareil simple et approprié à la nature et à l'espèce des matériaux.

Une intelligente main-d'œuvre.

(1) Léon-Baptiste Alberti, livre III, chap. V.

(2) *Idem*, chap. XVII.

Un à-plomb exact entre les plans inférieurs et ceux supérieurs.

Une proportion graduée dans les empatemens selon le module de l'édifice.

Tel est l'ensemble des loix sur la construction des fondemens auxquelles il convient de donner les développemens suivans.

L'incompressibilité dans le sol sur lequel un édifice est établi, est commandée par l'immobilité que toutes ses parties doivent conserver. Cette condition ne peut être enfreinte impunément dans la plus légère construction ; elle exige les précautions les plus multipliées et les plus sages dans les fabriques importantes. Ainsi l'on ne se permettra point d'ériger la fondation d'une simple maison, même celle en pans de bois, sur des terres jectisses, quelque compactes qu'elles paroissent, parce qu'elles restent toujours soumises à des compressions inévitables : un accident causé par l'ignorance de cette loi, vient récemment de coûter la vie à plusieurs.

La fouille des terres doit être faite dans les constructions de classes inférieures, d'une largeur suffisante pour que les paremens de la fondation soient érigés entre des lignes parallèles et jamais bloquées contre les tranchées. Dans les constructions de classes supérieures, celles même où existent des soutereins et des caves, les murs sur le côté extérieur doivent toujours être érigés à 2, 3, 4 pieds et plus de la coupe des terres, selon la profondeur des fouilles, ensorte que l'ouvrier ait la facilité de bâtir, placé sur le même côté. La fouille des terres pour les fondemens des grands édifices, doit être faite dans toute l'étendue nécessaire aux larges empatemens qu'ils appellent.

La condition d'un niveau parfait et commun à donner aux murs d'une fondation, est essentielle à remplir, afin d'éviter l'irrégularité dans les tassemens naturels aux constructions ; l'on ne peut y déroger sans les mesures les plus réfléchies.

L'érection régulière et conduite de front, des fondemens d'un édifice, est commandée par l'avantage de pouvoir régulariser aussi les tassemens dans toutes les branches qui les composent; et lorsque des obstacles invincibles s'opposent à l'observation de cette loi, l'on doit mettre en œuvre les moyens les plus efficaces pour unir toutes les parties d'un même bâtiment, construites à des époques différentes. Le Mont-de-Piété, l'Hôpital de la Pitié m'ont offert cette grande difficulté à vaincre.

La loi qui interdit d'admettre dans les fondemens des constructions mixtes, c'est-à-dire, qui dans les mêmes points-d'appuis seroient anciennes et nouvelles, doit être observée rigoureusement; aucune raison ne peut en excuser l'infraction; la théorie en explique les causes, la pratique les confirme. Les effets de destruction qui se rencontrent dans des édifices les plus importans, par l'oubli, l'ignorance de cette même loi, sont les preuves frappantes de la vérité du principe que j'établis.

La sixième condition qui exige un appareil savant suppose de grandes connoissances sur les constructions des monumens anciens et modernes et sur-tout le génie de l'art de bâtir, sans lequel la science seroit presque nulle. C'est par l'appareil que l'Architecte forme tous les chaînons qui lient les élémens divers qui constituent un bâtiment, et l'assortiment en est plus ou moins varié, étendu, selon l'espèce de son module. L'appareil sera simple et large, les coupes des pierres conséquemment peu compliquées; les harpes toujours peu saillantes pour la jonction des murs.

Une intelligente main-d'œuvre concourt avec la condition précédente et en assure le succès. Cette condition desirable et utile est la seule qui ne dépende pas toute entière du talent et de la volonté de l'architecte. Le lieu, l'époque où l'on bâtit s'opposent trop souvent dans l'exécution, à son application fidelle. Il faut pour obtenir l'observation de cette condition, du courage, de l'activité, une grande pratique du bâtiment, et comme les travaux des fondations se dérobent successivement à la vue, il faut d'autant plus en surveiller la manipulation.

L'à-plomb entre les fondemens et le corps d'un édifice résulte de la position du centre de gravité qui doit leur être commun. Cette condition, l'une des plus importantes, a dû être remplie par les études préliminaires, elle sera constatée dans l'exécution, après la pose de la dernière assise des fondemens: c'est pourquoi l'on tracera alors le plan du rèz-de-chaussée sur ce cours d'assises; opération par laquelle l'à-plomb entre les constructions faites et celles à exécuter sera déterminé invariablement. Cette loi relative aux parties portantes et à celles portées, est rarement observée avec précision dans les constructions particulières; elle ne l'est pas toujours dans les édifices publics, ce que j'ai eu l'occasion de découvrir.

La loi sur les épaisseurs, ou la proportion graduée des empatemens à donner aux murs des fondations, en raison de celles des murs en élévation, se modifie selon la nature de l'édifice, selon la nature et l'espèce des matériaux; ainsi les proportions sont différentes dans les constructions d'un petit module de celles dont le module est plus grand; les proportions sont différentes dans des constructions faites avec des matériaux d'un petit échantillon et peu compactes, ou exécutées avec des matériaux de la plus dure qualité et de fortes dimensions.

Cette loi sur les épaisseurs qui complette toutes celles des fondemens, exige les développemens les plus détaillés à cause de la diversité de son application. Je vais donc la considérer dans les bâtimens des différentes classes.

Dans un édifice ordinaire où l'on n'emploie que le moellon, la brique, les murs en fondation seront plus forts d'un tiers que ceux en élévation, et les empatemens résultant de cette plus épaisseur, répartis également d'après leur axe.

Dans un bâtiment d'une classe moyenne, l'on ajoutera aux mêmes proportions dans les murs, des chaînes construites toutes en pierres d'appareil et parpaignes, et non pas faites en carreaux et boutisses amalgamés avec le moellon; pratique vicieuse qui a lieu à l'instant même dans des travaux publics d'un service important. Mais au défaut absolu de pierres de taille pour les chaînes, dans l'espèce dont il s'agit, l'on renforcera les fondemens sous les points-d'appuis principaux, de trois quarts en excès, de l'épaisseur des murs supérieurs, savoir : dans une longueur qui soit moitié de la distance entre leurs axes respectifs. L'on emploiera tout-à-la-fois et de préférence, la meulière, les blocages de grès, de granit (1), la brique la plus dure : ainsi l'on substituera par les masses ce qu'il seroit impossible d'obtenir de la force propre des matières ou de la petitesse de leurs dimensions.

Dans un bâtiment dont le module est supérieur à ceux des classes précédentes, et dont les distributions du plan sont vastes, élevées, les murs des fondemens auront moitié en plus de l'épaisseur de ceux qu'ils porteront, et les constructions entières seront faites en pierre d'appareil. Si cependant il y avoit impossibilité de se procurer des matériaux de cette espèce, l'épaisseur des murs sera dans le rapport de deux et demi à un avec ceux des élévations; indépendamment, le corps de la fondation sera fortifié par des arcs droits ou renversés, de divers degrés et plus ou moins nombreux.

(1) J'ai employé dans une de mes constructions du moellon de granit extrait à quelques pieds au-dessous de la surface, et sur la pente d'une colline très-alongée; il étoit nuancé de gris : sa qualité très-dure se délitoit, mais il avoit de l'assiette mis en œuvre.

Avant de dire quelles sont les proportions particulières dans les fondemens des édifices du plus haut rang, je dois faire sentir la nécessité de celles que je viens de décrire, par un exemple nouveau, pris dans la troisième classe où elles ont été omises. Je citerai dans la suite de ce discours d'autres exemples de monumens célèbres dans lesquels l'oubli des loix sur les fondemens a causé des effets désastreux.

Il existe à Paris un édifice public construit en 1794, dont la façade principale a 152 pieds, celles en retour 80 pieds de longueur; la première consiste en deux avant-corps de chacun 49 pieds de large ayant 44 pieds de saillie sur la partie intermédiaire, 30 pieds de hauteur sous l'égoût qui recouvre la corniche, et 45 pieds dans l'axe des avant-corps terminés en pointe de pignon.

Le plan général est composé de dix-neuf arcades dans son pourtour dont l'ouverture est de 15 pieds; il ne contient aucune distribution intérieure, l'usage auquel ce bâtiment est destiné ne l'exigeoit point; les écoinçons de chaque avant-corps décorés de deux des arcades, ont 6 pieds 5 pouces sur 6 pieds et 5 pieds d'épaisseur de mur, le piédroit au centre, a 4 pieds 6 pouces de large et même épaisseur de 5 pieds; les autres piédroits ont 3 pieds 6 pouces seulement de largeur, épaisseur 5 pieds; la hauteur commune à tous est de 14 pieds; ils sont construits en pierre jusqu'à la naissance des arcades: toutes les parties supérieures sont faites en moellon et en charpente.

Les fondemens de cet édifice sont composés de moellons blancs ordinaires; les empatemens n'ont que 6 pouces sous tels point-d'appuis, il n'en existe aucun sous tels autres; la construction d'ailleurs est interrompue entre les piédroits qui ont leur fondation particulière. C'est pourquoi cette bâtisse présente aujourd'hui sur toutes ses faces des déchiremens considérables et un surplomb effrayant (1).

Passons maintenant à l'examen des loix générales et particulières qu'impose la construction des fondemens des grands édifices.

Les bases sur lesquelles doit s'ériger une fabrique dont les masses sont larges et fortes dans leur plan et d'une hauteur proportionnée, un tel édifice appelle un concours complet de puissances pour la solidité de ses fondemens; à l'exemple de la nature qui dans le sein de la terre a prodigué les mines abondantes pour consolider le globe, l'architecte de même répandra avec abondance et avec ordre les matériaux dans ses constructions.

L'architecte chargé d'ériger un monument public qui doive transmettre à la postérité la plus reculée, et la puissance du gouvernement qui l'ordonne, et le degré de perfection où se trouvent les beaux arts à cette époque, s'instruira avec soin de la nature, de l'espèce des matériaux que produit le lieu sur lequel il va bâtir; il aura recours à des contrées éloignées selon le besoin: il ne perdra point de vue que le pied de son édifice, ainsi que son couronnement à l'extérieur, doivent être en totalité construits en pierre dure et du plus grand échantillon. C'est après ces reconnoissances préliminaires qu'il fixera les épaisseurs à donner aux constructions;

(1) J'ai fait démolir il y a deux ans un bâtiment qui comptoit à peine vingt ans d'origine, consacré à un service public; il étoit écrasé dans ses fondemens.

J'ai été appelé tout récemment pour constater l'état de destruction d'une maison construite il y a neuf ans; les murs en fondation étoient trop foibles et faits en matériaux de mauvaise qualité, telle en étoit la cause.

Les nombreux accidens de ce genre, qui se succèdent à Paris, sont la suite nécessaire de la légèreté que l'on apporte dans le choix d'un architecte, le plus souvent par une avarice misérable; l'on préfère pour une fonction aussi importante des hommes qui, selon la pensée de Plutarque, « ne sont d'aucune valeur cherchant ignorance à bon marché. »

c'est d'après elles qu'il déterminera le système de l'appareil des pierres; c'est d'après elles qu'il se livrera aux moyens secondaires d'espèces plus ou moins multipliés.

L'architecte ensuite, pour satisfaire à la première des lois sur les fondemens, celle de l'incompressibilité du terrein, ne s'arrêtera point, dans la fouille des terres, à quelques couches solides qu'il rencontrera, il poussera ses recherches plus avant; c'est pourquoi le cube total des terres, extrait selon les dimensions du plan général, il fera des sondes particulières qui l'instruiront s'il n'existeroit pas des veines de terre qui soient compressibles, ou des cavités naturelles, ou artificielles, qui compromissent l'existence du monument qui doit être confié au sol choisi.

Si, indépendamment de la fouille faite sur un même niveau dans toute la superficie du plan de l'édifice, l'on éprouve des obstacles à cette troisième des conditions des fondemens, par suite de la diversité des couches de terre qui constituent le nouveau sol, par suite de leur profondeur indéfinie; l'art pour les vaincre, offrira les ressources nécessaires.

Ces premiers pas franchis, l'architecte disposera en maître de toutes les branches qui appartiennent à la construction des fondemens, en les soumettant aux loix diverses qui en garantissent la solidité.

Ainsi, dans les grandes constructions, un plateau général composé de plusieurs assises de pierre de taille, couvrira la surface entière de la fouille faite; sur lui, les plans des fondations et des élévations seront tracés selon les dessins. A compter de ce plateau, les murs d'enceinte s'érigeront avec une épaisseur double de ceux qu'ils doivent porter; les empatemens seront distribués, savoir; sur le côté des terres, un tiers de l'épaisseur totale des fondations, et sur le côté de l'intérieur un sixième. Les premiers empatemens seront par redans proportionnels jusqu'au pavé de la chaussée; les seconds s'érigeront en deux retraites, l'une au sol des caves, l'autre à celui de l'édifice.

Le centre de gravité des murs en élévation sera établi au plan et dans l'axe de celui de la frise de l'entablement; il aura son à-plomb fixé au plan de la dernière assise des fondations, par la distribution qui vient d'être déterminée pour les empatemens.

La raison de l'inégale distribution dans les empatemens des murs des plus grands édifices, est fondée sur ce que dans ces sortes de constructions, les retraites doivent toutes se faire à l'extérieur et n'en exister aucune à l'intérieur.

La raison qui veut que le centre de gravité soit établi au sommet des murs en élévation, est de le reporter d'autant plus vers la force centrifuge du corps de l'édifice chargé du poids des voûtes ou des planchers, et de contenir cette action de divergence avec d'autant plus d'efficacité.

Les murs d'enceinte des fondemens seront tous construits en pierre appareillée sans aucuns garnis ni blocages; ceux des distributions intérieures le seront également, mais sous les points-d'appuis seulement. La meulière, le moellon, la brique seront employés dans les parties intermédiaires à ces derniers.

Si les constructions de toute nature veulent pour la solidité, l'enchaînement et l'union des matériaux qui les composent, ces qualités sont encore plus indispensables dans les fondations d'un grand édifice; elles résultent de l'appareil, de la taille, de la pose des pierres, de l'emploi du meilleur mortier dont les lits et les joints doivent être complettement garnis.

A ces moyens divers et principaux pour la bonne construction des fondemens, il en est encore de secondaires qu'il faut y faire concourir; ce sont les arcs droits et renversés de différens degrés, plein-ceintre ou ogif, construits dans le corps même des murs; ces accessoires, indépendamment des nœuds qu'ils y forment, ont le double avantage de forcer l'ouvrier à être soigneux et attentif dans sa manipulation, ce que l'expérience m'a démontré par l'usage constant que j'en ai fait dans mes bâtimens. Entre les arcs, le plus puissant est l'arc renversé, invention due à Léon-Baptiste Alberti. Ce savant architecte, il est vrai, ne les prescrit que dans les fondations des péristyles et en remplacement à des murs continus pour en lier les parties isolées, ensorte que la résistance soit une. Voici comme il s'explique à ce sujet.

« Pour asseoir doncques des colonnes, il n'est pas besoin de continuer la tranchée tout d'une venue, mais seulement creuser les lieux là où doivent être leurs sièges, et puis faire des arches de l'un à l'autre, dont la cambrure soit tournée en contre-bas, si que la planure de l'aire leur soit en lieu de corde (1). »

Mais l'usage de ce moyen ingénieux convient aussi parfaitement dans les murs quoique continus; il est propre à contenir tous mouvemens irréguliers dans les tassemens qui se manifestent trop souvent dans les bâtimens publics. Cet usage est également d'une grande ressource dans les constructions d'un module moyen, où l'on emploie des chaînes en pierre dans les fondations et le moellon intermédiairement. Les arcs renversés ne peuvent jamais être surabondans; ils sont la garantie la plus sûre de l'immobilité des constructions.

(1) Liv. III, chap. V.

Si des auteurs de nos jours, selon Alberti, ont jugé l'emploi des arcs renversés, seulement nécessaire entre les murs qui sont interrompus dans les fondations des colonnes des péristyles, et les ont regardés comme inutile en tout autre cas, cette opinion prouve que ces écrivains ont peu médité sur les ressources précieuses dont ces arcs sont en une infinité de circonstances.

Rendons sensible par les exemples de célèbres fabriques, le besoin du concours de tant de conditions qui leur a manqué dans les fondemens, et qui les eût garantis des accidens auxquels ils ont été soumis.

Le palais du Luxembourg, les pavillons des Quatre-Nations, les Tuileries, l'Observatoire, modèles de construction sous beaucoup de rapports, ouvrages faits par nos plus habiles architectes, méritent d'autant plus de fixer notre attention à cet égard. Les façades de ces édifices sont sillonées par des lésardes dans différentes parties. Ces effets ont eu lieu malgré les soins assidus que leurs auteurs ont donnés à leur exécution, parce qu'ils n'ont pas toujours été secondés dans la main-d'œuvre, par les ouvriers qu'ils employoient; car, comme le dit encore Alberti.

« Ce qui nuit le plus à toutes les parties d'un bâtiment, c'est la négligence et la nonchalance des hommes (1). »

C'est à la négligence seule de la manipulation des travaux faits dans les fondemens de l'Observatoire, que l'on doit attribuer les scissures qui existent aux baies de croisées des différentes façades de ce grand et bel édifice. Si Perrault, ce savant architecte, plus défiant sur la manipulation des ouvriers, et dans l'impossibilité absolue d'être sans relâche assistant à toutes les parties de ses cons-

(1) Liv. X, chap. XIV.

tructions, eût semé entre tous les points-d'appuis des arcs ogifs droits, renversés, à-plomb les uns des autres et en plein mur; avec ces moyens secondaires et puissans, l'édifice de l'Observatoire seroit resté immobile.

C'est à la négligence des ouvriers que les fondations du Luxembourg et des autres monumens cités ici, doivent les mouvemens qu'ils ont éprouvés dans leurs façades. Si ces divers palais n'eussent point réuni les masses les plus complettes pour la solidité, on les verroit en ruines et peut-être n'existeroient-ils plus; mais la bonté de leurs plans, le grand parti d'ordonnance qui les composent les ont fait résister aux secousses dont les traces subsistent, et rassurés maintenant, sur leurs bases, ils compteront encore plusieurs siècles.

Il n'en sera pas ainsi d'une foule de bâtimens faits de nos jours, tous également dénués de proportions eurythmiques dans leur ordonnance, conséquemment de celles qui en dérivent et qui sont propres à leurs constructions. Déja j'en ai signalé plusieurs et j'aurai à les faire connoître plus particulièrement (1).

L'étude, la science et la pratique de l'art de bâtir apprennent

(1) Je suis chargé dans ce moment de terminer le bâtiment d'un établissement public, commencé il y a neuf ans, et qui a été suspendu à la hauteur du second plancher, dans sa construction.

Cet édifice a 28 toises de longueur, 6 toises de largeur; une seule pièce au centre du plan a 18 toises; il doit avoir 50 pieds de hauteur.

Avant de commencer les nouveaux travaux, j'ai voulu m'assurer de la nature des fondemens; à cette fin j'ai fait différentes sondes, et j'ai reconnu que les murs n'étoient construits qu'en moellon ordinaire, avec quelques chaînes en pierre; que les empatemens n'avoient que deux pouces, qu'ils ne descendoient pas à une égale profondeur: que les murs n'étoient point en liaison soutenue entre eux. Construction incapable dès-lors de soutenir le poids d'un aussi grand édifice.

que les fondations bien établies, exigent de l'architecte de dépasser les proportions indiquées pour leurs épaisseurs, et que toute réduction dans la dépense est subversive de la véritable économie, qualité si mal entendue aujourd'hui dans trop de constructions, même de celles consacrées à un service public.

Pour rendre d'autant plus clairs les principes sur la manière de construire les fondemens des édifices, je décrirai d'abord l'application sage et heureuse qui en a été faite dans le Panthéon français, ensuite je dirai l'altération que ces principes ont éprouvés dans les temples de St. Pierre à Rome et de St. Sulpice à Paris; je rendrai compte aussi des fondations de la culée du pont du Louvre et de celles du nouveau quai parallèle à celui des Tuileries.

Le systême de construction que Soufflot a suivi dans les fondations de Ste. Geneviève, est le plus complet pour la solidité, que la science de bâtir ait pu inspirer à un architecte.

Lors donc que Soufflot eut à ériger le temple le plus vaste, le plus magnifique qui ait été construit en Europe depuis un siècle, il ne négligea rien pour en assurer la force des fondemens; notre architecte, avant de poser la première assise, se livre a des études approfondies de cette partie du monument : le lieu étoit fixé ; il met la main à l'œuvre.

Par sa première opération il dessine sur le sol le périmètre du plan, et la masse cubique de terre qui s'y trouve inscrite en est extraite; un vaste et profond bassin capable, par son étendue, de recevoir la surface entière des fondemens de son édifice est préparé. Arrivé à ce nouveau sol, des sondes faites à différens points, découvrent des excavations profondes qui font connoître la nature et l'état réel du lieu où les destinées de ce temple vont être confiées.

Toutes les cavités, tous les puits sont comblés par d'excellentes constructions; les terres jectisses qui se rencontrent sont enlevées, des libages en pierre dure les remplacent; ainsi l'incompressibilité du terrein, cette condition première pour la solidité des fondemens, est remplie.

Suivons le cours des travaux de l'artiste. Soufflot établit sur la surface entière de la fouille un massif composé de plusieurs assises de pierres dont les lits et les joints sont taillés et rustiqués. Sous ce plateau commun à toutes les parties du temple, une sage prodigalité l'inspire; il assigne à ses distributions des empatemens larges et abondans, les murs d'enceinte, ceux des piliers du dôme, des péristyles sont construits en pierre d'appareil avec des soins particuliers; les seuls murs entre les colonnes sont faits en moellons. Ce n'est pas tout: ces murs intermédiaires des péristyles sont liés par des arcs renversés à la manière d'Alberti, moyen que la louable ambition d'avoir tout mis en œuvre pour l'union et la force des fondations, a déterminé l'architecte à y faire concourir. Enfin des voûtes érigées sur un mur transversal dans l'axe des quatre nefs, d'autres voûtes concentriques dans le plan du dôme, complettent cette belle fabrique, digne des éloges des amateurs de l'art de bâtir, digne objet d'études pour les élèves qui veulent s'instruire sur l'une des grandes branches de la solidité des bâtimens.

Si donc je circule autour de l'enceinte extérieure du Panthéon je vois dans ses hautes et imposantes murailles, régner le niveau le plus parfait dans toutes les assises qui les construisent. Aucunes lésardes, nulles scissures n'y blessent mes yeux; le portique, ferme dans ses fondemens, est dans le même état d'immobilité; si je pénètre dans l'intérieur de l'édifice, je vois les péristyles sains et intacts dans leur construction. Faut-il que les piliers du dôme soient dans un état de ruine; effets qui proviennent seulement de leur foiblesse particulière, nullement de vices dans les fondations. Monument somptueux malgré les défauts qui te déparent, tu fixeras toujours l'attention des artistes et des amis de la noble et grande architecture.

Sans doute que le parallèle suivant, que je vais faire, de la nature des fondemens d'un édifice gothique qui se rapproche le plus de celle des fondemens du Panthéon français, aura quelqu'intérêt pour le lecteur.

Si le grand Châtelet dont je veux parler; si ce monument duquel il ne reste plus aujourd'hui que la place qu'il occupoit, eût été démoli sous les yeux de Soufflot, l'on diroit que ses fondations lui ont servi de modèle. En effet, la tour du nord de cette espèce de château fort avoit pour fondemens un massif profond, composé uniquement d'assises de pierre établies de niveau, posées toutes sans autre taille que celle des lits, toutes parfaitement garnies entre leurs joints avec le meilleur mortier. L'aspect de cette fondation, au moment de sa démolition, étoit semblable à celui d'une carrière en exploitation à ciel découvert; et cette tour, si bien assise, quoique dans le voisinage de la Seine, est restée inébranlable pendant des siècles.

Les temples démolis à Paris depuis douze ans, réunissoient bien les principales conditions qui font la force des fondemens; mais ils n'offroient point le système de construction que l'on reconnoît dans les édifices de l'antiquité; au lieu donc d'un massif général, au lieu d'un plateau commun à tous les principaux points-d'appuis, les fondations avoient de larges empatemens également répartis sur chaque côté, et moitié de l'épaisseur des murs en élévation. Tels étoient construits les fondemens de l'église des Chartreux, à Paris; tels étoient les fondemens de temples plus importans, ceux de St. André-des-Arcs, de St. Paul et de St. Jean en Grève, etc. Quoique ces édifices, et sur-tout ces derniers, n'eussent point de plateau général qui leur servît de base commune, aucun de leurs murs ne fléchirent jamais. Cet avantage résultoit de l'espèce de l'architecture, de la bonté des matières et de la bonne manipulation.

En effet, les plans gothiques dans leur ordonnance, ont les points-d'appuis très-rapprochés, et les élévations, quoiqu'immodérées en hauteur, unies par des voûtes, par des arcs ogifs, appuyées par des contre-forts et des arcs-butans; les constructions des murs d'ailleurs, sont faites en pierre dure, bien en liaison dans les paremens avec l'intérieur quoiqu'en blocage, mais garni d'excellent mortier. Les fondations de pareils plans n'exigeoient pas des massifs aussi considérables que ceux de l'architecture grecque, qui par sa nature est susceptible des rapports les plus variés, avantage que l'on chercheroit en vain dans le gothique.

La démolition de l'église des Mathurins, rue St. Jacques, et celle du bassin de l'ancien parterre du jardin du Luxembourg, ont offert des exemples remarquables, qu'il n'est pas déplacé de constater ici, sur la propriété que le bon mortier a de se suffire, sans l'auxiliaire de la pierre. Ces exemples détruisent l'opinion émise de nos jours :

« Que le volume des pierres doit être dans un rapport convenable avec celui du mortier. »

Les murs en élévation du temple des Mathurins, unis à de forts éperons, étoient construits en pierre d'appareil employée par carreaux et boutisses, laissant entre elles, et au centre de la construction, un grand cube composé uniquement de mortier; lors de la démolition ce massif a été le plus difficile à détruire.

Le bassin du Luxembourg étoit construit en un massif général de mortier, de 10 pouces d'épaisseur dans le fond; avec lui s'unissoit le parement intérieur fait en pierre de taille, dont l'épaisseur commune du mur vertical étoit de 24 pouces. La dureté du mortier qui composoit les *trois quarts* de cette construction, étoit telle qu'il a fallu avoir recours au redoutable marteau du carrier pour les tranchées nécessaires au jeu du coin et de la masse.

Ces deux exemples auxquels je pourrois en ajouter beaucoup d'autres, prouvent qu'il n'existe point de rapports fixes entre le volume des pierres employées dans une construction, avec celui du mortier, pour en obtenir une adhérence complette et qu'il fasse avec elles un même corps dans les murs.

Afin de multiplier les exemples sur l'objet de ce discours, je citerai les fondations de St. Pierre à Rome, celles de St. Sulpice à Paris, et d'autres constructions de la même espèce, faites dans cette dernière capitale.

A Rome, la nef et le frontispice de la Basilique de St. Pierre restèrent longtems à construire après la mort de Michel-Ange, principal architecte de cet immense fabrique. Le sol sur lequel ces grandes parties de l'édifice devoient s'ériger, étoit celui où avoit existé le cirque de Néron, et sur ces mêmes fondemens l'ancienne Basilique avoit été construite par Constantin. Cette faute commise, quoique le premier temple ne fut composé que de péristyles dans l'intérieur, et de simples murailles d'enceinte n'ayant à soutenir le poids d'aucunes voûtes; cette faute nécessita de continuelles réparations qui ne purent le faire subsister au-delà du quatorzième siècle. On remarque, dans le plan que nous a conservé de cette première Basilique des chrétiens, Bonanni (1), que le centre de gravité de la file de colonnes de la nef répondoit à l'intersection entre les fon-

(1) *Templi Vaticani historia.* *Caput VI, tabula 6, p.* 19.

dations du cirque et celles du temple; c'est-à-dire, avec des constructions faites trois siècles auparavant.

Maderno, chargé de l'importante opération d'achever l'ouvrage de Michel-Ange, dédaigna d'étudier les causes de la ruine de la Basilique de Constantin, et au lieu de démolir en totalité les vieilles constructions qu'il rencontra en fondant son portail, il ne fit que se raccorder avec elles. Aussi à peine fut-il érigé, que l'extrémité méridionale s'ouvrit en plusieurs endroits et menaça d'écrouler. De semblables effets se renouvellèrent lorsque Bernini, en 1638, construisit les campanilles à chaque extrémité du frontispice; il fallut les démolir aussitôt à cause des mouvemens qu'éprouvèrent les fondemens et dont les lésardes considérables qui en résultèrent présageoient la chute de cette partie du portail.

A Paris, sous la minorité de Louis XV, le célèbre curé de St. Sulpice, Languet de Gergy, reprit les travaux suspendus et peu avancés du nouveau temple, dont le seul rond-point étoit construit à cette époque. Oppenort fut chargé de cette grande entreprise. L'architecte méconnoissant les principes généraux des fondemens, n'ouvrit que de simples tranchées, fonda et construisit successivement les différentes parties, en commençant par le portail du midi, au lieu de les ériger toutes de front; de plus, par une aussi fausse que dangereuse économie, Oppenort, ainsi que Maderno l'avoit fait à Rome, unit à d'anciens vestiges de l'église démolie, de nouvelles fondations; c'est pourquoi les souterreins offrent dans leurs distributions l'irrégularité la plus choquante, par l'inégalité du volume et la diversité des formes dans les massifs sur lesquels reposent les piliers supérieurs.

Une pareille construction a causé dans la suite des ruptures et des lésardes dans plusieurs des arcades et dans les voûtes qui composent l'ordonnance de ce grand temple; il a fallu y remédier en 1787, ce qui a fait disparoître les désunions les plus sensibles.

Cette manière imprudente de construire les fondations n'est que trop usitée, et de nos jours l'on a opéré de même dans la culée au nord du pont du Louvre, et dans la nouvelle partie du quai parallèle à celui des Tuileries, sur la rive du midi de la Seine. L'explication suivante va faire connoître la structure irrégulière de l'une et l'autre de ces constructions.

Le mur du quai du Louvre qui sert de culée au nouveau pont, avoit été démoli en l'an X (1802), par arrachement, en deux pieds, réduit sur son épaisseur totale de six pieds qu'il conservoit au niveau du cordon du parapet. Ce mur fut d'abord reconstruit dans son parement et augmenté d'un avant-corps de 24 pouces, à cette même hauteur et dans la longueur de 30 pieds qui est celle des piles auxquelles il correspond.

En l'an XI, au mois de prairial (juin 1803), l'on ouvrit une tranchée large de 6 pieds, derrière le même mur du quai, laquelle mit à découvert son parement intérieur dans son entier. Cette fouille a été comblée de maçonnerie en deux reprises différentes, sur un seul des côtés des murs de l'égoût qui existe dans l'axe de la culée. L'espèce de la construction consiste en plusieurs rangs de moellons bloqués contre les terres et le parement du mur ancien; ensuite ce sont des assises de petits libages posés sans aucune taille, et sur ceux-ci s'érigent des pierres d'appareil; l'épaisseur nouvelle de cette culée au niveau du bandeau des piles est de 14 pieds au lieu de 8 pieds qu'elle avoit après ses premières confortations de l'an X.

Voilà donc une bâtisse faite à trois époques différentes, dont le tout est divisé dans ses parties, savoir: les vestiges conservés du mur de l'ancien quai, le parement neuf sur le côté de la rivière, et l'accroissement sur le derrière des premières constructions. La dernière opération de plus, a été faite en sous-œuvre d'après la pose anticipée des assises qui s'arrasent avec le plancher du pont surélevé de 12 pieds au pavé du quai. L'on ne peut faire valoir ici, que le parement extérieur est en liaison avec la construction ancienne du quai; car il est de principe dans les constructions de ce genre, où l'on emploie la pierre d'appareil avec le moellon, que les rangs de ceux-ci se raccordent constamment de niveau avec les lits de chaque assise, et c'est de cette disposition que résulte l'union entre des matériaux d'échantillons et de hauteur de banc différens qui composent le corps d'un mur. Or, dans la construction dont il s'agit, il a été impossible d'opérer cette liaison entre le nouveau parement de la culée, ayant ses assises réglées à 18 pouces de hauteur, avec les moellons ou blocages de la partie du mur conservée dont le nombre des rangs étoit donné. Donc il n'existe point d'union réelle entre le mur neuf extérieur et l'ancien mur; il en est de même bien certainement pour l'addition faite du côté des terres qui n'est que par *juxtà*-position sur le parement intérieur du même mur du quai. Donc l'unité d'ensemble qui seule constitue une bonne construction, manque absolument dans la culée au nord du pont du Louvre.

Les mêmes procédés de bâtir ont été suivis dans le quai du pont des Tuileries (en 1803); des recoupemens considérables ont été faits sur le parement du mur intermédiaire entre la culée et l'escalier conservé; des arrachemens plus ou moins considérables ont été faits dans les parties suivantes d'anciennes constructions jusqu'au point où elles s'unissent aux constructions des nouvelles.

Je ne multiplierai point les citations de fondations vicieuses dans les édifices publics et particuliers; les exemples précédens suffisent; mais il faut en recueillir la leçon importante sur la nécessité de ne jamais perdre de vue aucune des loix propres aux fondemens, et pour satisfaire à celle enfreinte dans les édifices d'Italie et de France susdits, de déblayer constamment tout terrein sur lequel on érige un bâtiment nouveau, des constructions anciennes qui s'y rencontrent et qui coïncideroient avec la fondation particulière de mêmes points-d'appuis, quelque solides qu'en soient certains vestiges.

Après avoir donné dans ce discours les règles générales et particulières de la construction des fondemens des édifices de toutes les classes ; après avoir fait connoître l'application de ces mêmes règles, ou l'altération qu'elles ont éprouvée dans divers bâtimens, je dois rendre compte de l'usage que j'en ai fait moi-même dans mes constructions; je dois soumettre mes procédés, mes moyens au tribunal du public impartial et ami des arts, ne lui laisser rien ignorer sur les points essentiels de la solidité, objet constant de ma sollicitude dans toutes mes opérations (1).

Je parlerai des édifices les plus importans que j'ai construits, de ceux qui par leur situation, par la nature du terrein et les obstacles qu'il a fallu vaincre, ont exigé des mesures différentes. J'ajouterai des exemples de fragmens de fondation qui par les données rigoureuses et leur objet, ont quelque degré d'intérêt; je me renfermerai dans une simple description des parties de constructions que mes dessins gravés ne peuvent qu'indiquer. Je connois l'avis d'un ancien : « Parler de soi ou de ses amis fatigue et déplaît. » En rendant ce compte, je ne fais que suivre l'usage des architectes de l'antiquité,

(1) Je me suis fait un devoir de laisser au public la libre circulation dans mes ateliers de Paris.

Et lors de la construction du grand égoût de Bicêtre, situé au nord de cet hôpital, près de la route de Fontainebleau, les voyageurs curieux étoient invités à descendre dans les souterreins, ce que plusieurs ont accepté avec plaisir.

qui, jaloux de leur réputation, publioient les principes d'après lesquels ils avoient érigé les édifices confiés à leurs talens.

Les fondemens que je vais décrire, sont ceux de la halle de Corbeil, du Mont-de-Piété, de l'Hopital de la Pitié, à Paris, du grand égoût de Bicêtre, distant de trois mille toises de la capitale. Quant aux fondemens partiels, ce sont ceux faits en sous-œuvre à l'Hôpital de la Salpêtrière, dont les points-d'appuis reposent sur le vide d'un aqueduc; et ceux dépendant d'une aîle de bâtiment à l'hospice de l'allaitement, ci-devant l'abbaye de Port-Royal.

HALLE DE CORBEIL.

Ce bâtiment situé sur les bords de la Seine, dans une place publique, offre dans son plan un parallélograme dont le grand côté est de 172 pieds, le petit côté 46 pieds ; les fondations, indépendamment du poids des masses propres de l'édifice, devoient porter un fardeau extraordinaire de quatre cents muids de bled pesant douze cents milliers de livres; soumises tout-à-la fois, aux inondations périodiques du fleuve, dans toute leur hauteur, malgré l'exhaussement considérable que j'ai donné au sol qui, dans l'origine, n'étoit qu'une berge presque continuellement submergée.

Une telle situation et l'usage auquel cette halle étoit destinée, imposoient des mesures particulières pour la solidité de ses fondemens. Les limites pour la dépense étoient bornées; les matériaux à employer étoient le grès et la meulière que produit le canton. Voici les proportions que je donnai.

Les tranchées peu profondes, le tuf étant excellent, ont été néanmoins ouvertes dans une grande largeur. Les murs en fondation ont 5 pieds d'épaisseur sous les avant-corps des grands côtés du plan (1), 3 pieds sous le vide des arcades des arrière-corps, et 5 pieds sous les piédroits.

Les murs en élévation, dans le même ordre que les précédens, ont, les premiers, 2 pieds 6 pouces d'épaisseur, les suivans 2 pieds, et fortifiés dans l'axe des piédroits par des dosserets en grès d'appareil de 24 pouces de largeur sur 12 pouces de saillie; d'où il résulte pour cette troisième partie une épaisseur de 3 pieds.

La file de piliers au centre du plan, construits également en grès de 2 pieds carrés, a pour fondemens des massifs de 6 pieds aussi carrés, d'où résulte 2 pieds d'empatement sur les quatre côtés.

Les fondations de l'édifice entier sont faites en meulière, établies sur un même niveau; elles descendent à 12 pieds au-dessous du nouveau sol de la place; celles des piliers du centre sont liées aux murs d'enceinte des grands côtés, dans chaque axe des piédroits des arcades, par des arcs ogifs renversés tels qu'Alberti les prescrit, et dont l'origine est au tiers de la hauteur des fondemens; ils ont 3 pieds sur 2 pieds, et 14 pieds de longueur.

Ce monument construit en 1784, après vingt ans révolus, malgré les débordemens des eaux de la Seine qui en forment souvent une presqu'île et s'élèvent jusqu'au pied du plateau de son soubassement; ce bâtiment n'offre aucune lésarde, aucun tassement dans toutes les parties de ses constructions.

(1) Voir la collection des planches gravées.

MONT-DE-PIÉTÉ.

La façade de cet édifice sur la rue de Paradis (1), a 34 toises de longueur et 11 toises de hauteur au-dessus du pavé; le plan n'est composé que de vastes pièces, à compter du rez-de-chaussée dans les différens étages, comme consacrés à recevoir les fardeaux les plus considérables. La grandeur du module de ce bâtiment, la nature de son service commandoient l'emploi des moyens de solidité les plus complets et les plus efficaces dans ses fondemens.

Des caves étoient inutiles à l'établissement; des tranchées suffirent pour les fouilles; elles furent faites en 12 pieds de largeur. Des sondes différentes garantirent l'incompressibilité du terrein; elles découvrirent d'anciennes fondations des murs de la ville, qui traversoient le plan des nouvelles constructions : elles étoient aussi épaisses que solides; je les ai néanmoins démolies en totalité (2).

Les murs en fondation descendent tous à une même profondeur de 16 pieds, différens d'épaisseur selon leur position et leur fonction. L'épaisseur la plus forte est de 4 pieds 2 pouces; celle inférieure est de 3 pieds 2 pouces; les angles saillans et les points-d'appui, selon le plan, sont construits en totalité, de pierre d'appareil de haut banc, dont la longueur est le tiers de l'espacement entre les axes des chaînes; deux de leurs assises servent de sommiers à deux rangs d'arcs,

(1) Les bâtimens sur la rue des Blancs-Manteaux avoient été construits en 1778, époque de l'origine du Mont-de-piété; ils composent la première cour de ce côté, et se prolongent en aile au midi dans la seconde cour; le reste est mon ouvrage.

Voir la collection des planches gravées.

(2) Je donnai avis de cette découverte à l'administration de la ville, qui chargea M. Moreau, son architecte, d'en lever le plan, ce qu'il fit de concert avec moi, afin de conserver la trace de ces anciennes murailles de Paris.

l'un renversé, établi à la naissance des fondemens, l'autre droit, placé à 12 pouces au-dessous du pavé, l'un et l'autre compris dans l'épaisseur des parties de murs intermédiaires faites en meulières. A ces arcs correspondent d'autres arcs ogifs pratiqués dans le soubassement des croisées du deuxième étage, qui concourent à maintenir l'immobilité de la façade entière.

Le Mont-de-piété commencé à bâtir en 1784, terminé dans ses constructions en 1788, se maintient dans les à-plombs qui lui ont été assignés; aucune scissure ne s'est manifestée ni dans ses entablemens, ni dans ses plates-bandes en pierre, des baies de portes et de croisées dont la largeur est de 4, 5 et 6 pieds. Cet état d'immobilité atteste la solidité des fondations (1).

Hôpital de la Pitié.

Les dimensions générales de ce bâtiment sont, à compter du midi sur la rue d'Orléans, 19 toises de longueur au levant, sur la rue du Jardin des plantes, 36 toises; au nord, dans les cours de l'hospice, 13 toises, ensemble 68 toises de développement sur les trois côtés. La hauteur des élévations est de 12 toises; les distributions en sont vastes; les fondations devoient réunir des forces proportionnées au grand module de l'édifice.

La construction de caves étoit nécessaire à cet hôpital : ici la superficie entière du plan fut ouverte, et la masse cubique des terres, dans la profondeur des souterreins, fut enlevée. Des carrières exploitées existoient sous le pavillon *sud-est*: il s'en est rencontré dans la

(1) Dans la séance du corps législatif, du 6 pluviôse an XII, l'orateur du gouvernement s'explique sur le Mont-de-piété de Paris, en ces termes : « On fit bâtir au Marais des édifices solides, spacieux, propres à la conservation et à la sûreté des effets déposés. »

direction du mur de refends du vestibule au centre de la façade du levant ; et la partie sur laquelle s'érige le mur de la cage du grand escalier du pavillon *est-nord*, n'étoit qu'un mauvais fond. Les carrières ont été comblées par des constructions en pierre d'appareil de six pieds en carré, à-plomb des murs de face et de distribution ; les parties intermédiaires faites en meulière unies avec les premières et par les liaisons ordinaires, et par les arcs ogifs ; le reste du vide rempli par des recoupes et des terres. Le mauvais sol du pavillon est-nord, a été surmonté par la construction d'un grand arc ogif, contreventé à sa naissance par un double arc, selon le dessin gravé (1).

Ces premiers travaux exécutés, sans lesquels les fondations eussent été compromises dans leurs bases, alors je traçai le plan des caves par de larges tranchées faites sur un niveau commun, quoique le sol en soit différent. Un cours général d'assises en pierre de taille de 18 pouces de hauteur, de 5 pieds 6 pouces de largeur sous les murs de face, et de 4 pieds sous ceux de refends, est le plateau commun à toutes les parties des fondemens. Les murs des pavillons, ceux de refends ouverts par des arcades, les dosserets adhérens à ceux en arrière-corps ; les deux files des piliers qui distribuent les caves et les arraitiers dans les voûtes, sont construits en pierre ; le reste de la fondation est en meulière dont les épaisseurs varient depuis 3 pieds jusqu'à 4 pieds 6 pouces.

L'exécution entière des bâtimens neufs de la Pitié compte aujourd'hui quatorze ans, et ses différentes façades sont telles qu'elles sortirent de la main de l'ouvrier. Si les fondations manquoient de force pour le poids qu'elles reçoivent, divers mouvemens auroient déja marqué leur foiblesse.

(1) Voir la collection de mes planches.

Grand égout de Bicêtre.

L'enceinte à la surface des champs, a son plan demi-circulaire sur le quatrième de ses côtés, celui au nord; elle est distribuée en terrasses au pourtour des murs, soutenues par des glacis en maçonnerie; des pentes douces conduisent à un sol enfoncé. Là et au midi, où arrivent toutes les eaux de l'hôpital, est un pont à la tête de deux bassins circulaires qui reçoivent ces eaux; leur diamètre particulier est de 48 pieds, leur profondeur 6 pieds; le chenal à la suite qui s'unit au cône, repose sur une voûte dérobée à la vue; le cône qui fait l'entrée de l'égoût a 12 pieds d'orifice, 24 pieds dans-œuvre dans sa base, 60 pieds au-dessous du sol des champs; une voûte renversée établie sur un massif considérable, reçoit les eaux qui pénètrent dans l'aqueduc souterrein dont l'embouchure a 15 pieds de largeur, lequel se prolonge dans une étendue d'un grand nombre d'arpens.

La première des opérations pour les fondemens du cône, a été d'ouvrir les terres en 100 pieds de diamètre au sol des champs, réduits à 50 pieds dans le bas. A ce plan, des sondes ont été faites de 20 pieds de profondeur à travers des bancs de pierre; elles ont découvert des cavités dans l'à-plomb du cône; c'étoient de doubles carrières de 11 pieds de hauteur de ciel; celles supérieures en avoient 6.

Les carrières les plus profondes ont été comblées par des murs en meulières ourdés en mortier de chaux et sable, ayant 7 et 8 pieds sur chacune de leurs dimensions, correspondantes aux constructions du cône, à celles de l'aqueduc, des voûtes supérieures et des bassins; ces mêmes murs, tous liés ensemble par des arcs ogifs de pareille épaisseur et de 6 pieds de corde. Indépendamment, d'autres murs, mais bâtis à sec, des terres, des recoupes remplissent tous les vides intermédiaires à la masse naturelle qui n'avoit point été exploitée et aux nouvelles bâtisses ; tout a été comblé, tout le vide a disparu.

Dans les carrières supérieures le même système de fondations a été suivi ; la même correspondance a été observée entre les points d'appuis inférieurs et les fabriques supérieures.

Un massif général dont les empatemens excèdent de beaucoup l'épaisseur des murs du cône, sert de plateau commun à cette première et la plus importante des constructions de l'égoût.

Les tablettes qui couronnent les bassins, celles du chenal et du cône, n'ont aucun de leurs joints ouverts ; démonstration de l'immobilité des fondemens et des constructions souterreines de l'aqueduc (1).

Je ne donnerai point de détail sur les fondations des loges de la Salpêtrière, quoiqu'érigées sur un sol nouveau que j'ai créé avec le secours des décharges publiques, dans la superficie de quatre arpens, élevé de 6 pieds au couchant, de 15 pieds au levant, et quoique le terrein m'ait offert en plusieurs points de mauvais fonds. Dans ces vastes constructions qui renferment six cents individus, j'ai employé dans leurs fondations des moyens pareils à ceux que j'ai mis en œuvre dans les bâtimens dont je viens de rendre compte, modifiés toutefois selon l'espèce des constructions supérieures. Les fondemens de l'hôpital Cochin, par la rencontre d'une ancienne bouche de carrière, ceux des pavillons des Enfans Trouvés, Parvis Notre-Dame, sur la rue St. Christophe, à compter de l'église, pour lesquelles il a fallu descendre à une profondeur de 27 pieds sous

(1) Les plans et les coupes nombreuses qui développent les parties extérieures et intérieures de ce monument, seront gravés et joints à ma collection.

celui côté du cul-de-sac de Jérusalem; ces fondemens divers ont nécessité des soins particuliers pour en assurer la stabilité; l'indication simple que j'en donne suffit à mon sujet. Il me reste à dire un mot de fondations faites en sous-œuvre sous d'anciens bâtimens dans lesquels cette partie importante négligée a occasionné une reconstruction totale des fondemens.

A la Salpêtrière, une branche d'aqueduc traverse les fondations d'un corps de bâtiment habité par deux cents individus; les piédroits au rez-de-chaussée qui en composent les soutiens sont établis sur le vide des voûtes construites dans l'origine en simples moellons de pierre calcaire; aucune chaîne en pierre d'appareil ne les consolidoit. Ces constructions décomposées par les vapeurs des aqueducs, chargées du poids énorme des élévations, étoient (en 1800) à l'instant d'écrouler; j'évitai ce malheur par les secours provisoires les plus prompts et les plus sûrs, au moment où je découvris un péril aussi imminent.

Dès que je fus autorisé à reconstruire ces fondemens détruits, dans l'impossibilité de changer la direction de l'aqueduc, je distribuai de fortes chaînes en pierre de roche à l'à-plomb des piédroits du bâtiment, et les arcs qui les unissent ont 24 pouces d'extrados, indépendamment deux sommiers et une clef en même pierre forment une double voûte sur le vide desquelles repose tout l'édifice. Les murs intermédiaires aux chaînes, sont construits en meulière de 30 pouces d'épaisseur; le parallèle de la construction ancienne avec celle que j'ai substituée, indique la force de l'une et la foiblesse de l'autre (1).

A l'hospice de l'allaitement, une aile de bâtiment avoit sa façade

(1) Les plans et les coupes de ces constructions souterreines, ainsi que ceux des aqueducs extérieurs qui ont fait suite à ces premiers travaux, seront gravés pour ma collection.

au nord, sillonnée de lésardes dont les causes étoient d'abord inconnues. La ruine d'une fosse d'aisance, en l'absence de caves, découvrit, en 1803, que la fondation étoit érigée sur un terrein mobile, construite en simples moellons sans aucun empatement, principe immédiat des déchiremens de ce bâtiment. Les moyens de restauration que je proposai, sont les suivans.

Descendre les fondemens jusqu'à la terre ferme, seulement en trois points distans entre eux de 7 pieds environ, savoir : le premier sous l'angle isolé *nord-est*; le second sous le piédroit d'une arcade qui existe dans cette partie; le troisième, là où cessent les fractures dans les élévations. Ces supports construits en pierre de 3 pieds d'épaisseur (les murs supérieurs ayant 24 pouces), de 5, 7 et 9 pieds de longueur; les fondemens intermédiaires fixés à 7 pieds de bas, faits en moellon aussi de 3 pieds de large, unis avec les supports par des arcs renversés reposant sur une arase de 18 pouces de hauteur.

Les principes sur les fondemens qui composent ce discours, sont d'une application générale dans la pratique; les grands édifices, les maisons ordinaires les exigent proportionellement; ils sont d'un usage journalier dans les restaurations des bâtimens, ainsi que l'ont prouvé les deux exemples de ce genre, cités de la Salpêtrière et de l'Allaitement.

Ce chapitre, de même que ceux publiés (1) sur la construction des bâtimens, appartient à la seconde partie de mon ouvrage; comme les premiers, il a pour but d'offrir dans un cadre serré, un système de bâtir avoué par l'expérience et qui soit en concordance

(1) Décadence de l'architecture à la fin du dix-huitième siècle.

Des points-d'appuis indirects.

De la construction des édifices publics sans l'emploi du fer, etc.

avec le genre d'ordonner et de construire les édifices que nous devons aux anciens. Mais afin de rompre la sécheresse d'une simple nomenclature des règles qui composent la scholastique de cette partie de l'architecture; afin d'en faire sentir toute la vérité, toute l'utilité, le lecteur a remarqué que constamment je porte son attention sur divers édifices dans lesquels il peut constater ou le succès de l'application de ces règles dans leur ordonnance et leur construction, ou les vices qu'elles présentent par l'oubli de ces mêmes règles. Les principes que je publie sont les plus sûrs pour défendre les élèves des écueils nombreux dont ils sont environnés lorsqu'ils doivent exécuter leurs dessins, parce que l'ordonnance et la construction sont intimement liées et se prêtent un mutuel secours. Ils prouvent enfin, ces principes, que de l'architecture dépend absolument la science de la construction et non pas seulement «l'art d'imaginer et de dessiner de vastes et superbes monumens,» selon que le prétendent certains esprits du jour à peine initiés dans l'art de bâtir.

www.ingramcontent.com/pod-product-compliance
Ingram Content Group UK Ltd.
Pitfield, Milton Keynes, MK11 3LW, UK
UKHW020458230726
13925UKWH00005B/2021

9 782013 660662